我 不 知 道
恐龙
会
下蛋

我不知道系列：动物才能真特别

I didn't know that dinosaurs laid eggs

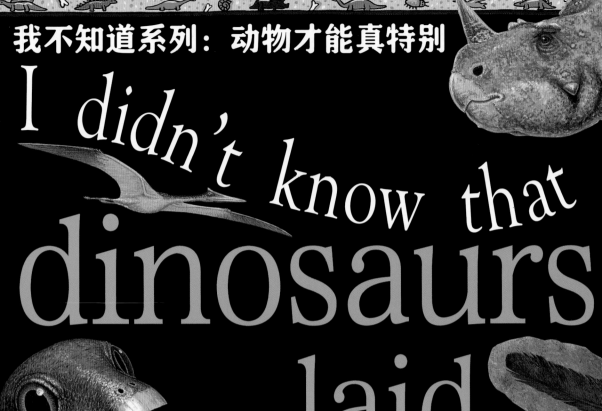

我 不 知 道
恐龙会下蛋

[英]凯特·贝蒂◎著　　[英]麦克·泰勒◎绘　潘　敏◎译

哈尔滨出版社
H.P.H
HARBIN PUBLISHING HOUSE

我不知道

前 言

你知道吗？有些恐龙身上长着羽毛；有些恐龙会飞；恐龙时代真的有海底怪物呢……

快来认识各种史前生物，了解它们到底有多大、它们吃什么、它们如何繁育宝宝、我们是如何知道这一切的，一起走进神秘的恐龙世界！

注意这个图标，它表明页面上有个好玩的小游戏，快来一试身手！

真的还是假的？看到这个图标，表明要做判断题喽！记得先回答再看答案。

别忘了读一读页边上的妙妙恐龙小百科！

我不知道

所有恐龙都在 6500 万年前灭绝了。在灭绝前的 1500 万年里，地球上到处都是恐龙——直至灾难降临。也许是一颗陨石与地球相撞，也许是大量的火山喷发，不管是什么原因，自那之后，地球上就再也没有恐龙了。

我们能知道恐龙的存在是因为人们在岩石里发现了它们的化石。化石专家或古生物学家把这些化石拼凑起来，弄明白了恐龙是如何生活的。

真的还是假的？
人类要为恐龙的灭绝负责。

答案：**假的**

　　人类和恐龙从来没有在地球上共存过。从最后一批恐龙灭绝到人类祖先出现，中间隔着 6 千万年的时间。

电影《公元前一百万年》里的内容明显是假的！

萨尔塔龙

恐龙时代分为 3 个时期：三叠纪（早期）、侏罗纪（中期）和白垩纪（晚期）。不同的恐龙生活在不同的时期。

腔骨龙

霸王龙　　剑龙

白垩纪　　侏罗纪　　三叠纪

! 鳄鱼从恐龙时代活到现在，基本保持了原样，没发生什么大的变化！

与其他爬行类动物，如鳄鱼和蜥蜴相比，恐龙有一点不同，它们能直立行走。

恐龙的皮肤坚硬而粗糙。就好比蛇的皮肤，人们通常认为它很湿滑，可其实摸起来很干燥且凹凸不平。

霸王龙皮肤的特写

我不知道

　　恐龙的英文"dinosaur"意为"恐怖的蜥蜴"。直到 1841 年，人们才认识到原来这些巨大的骨骼化石并不是巨人的，而是一群灭绝了的巨型爬行动物的！理查德·欧文医生，同时也是一位科学家，将它们命名为"dino"（恐怖的）"saur"（蜥蜴）。

霸王龙

身高12米，嘴宽1米，牙齿和切割刀差不多长，霸王龙真是个让人胆战心惊的蜥蜴，它英文名字的意思就是"残暴的蜥蜴王"。

霸王龙的牙齿化石

西方人直到 1824 年才发现首具恐龙化石。

！蜥脚类恐龙是个头最大的恐龙。

我不知道

有些恐龙比 4 层大楼还要高。超龙是一种巨大的蜥脚类恐龙，也是目前古生物学家发现的最大的恐龙，身长 30 多米，身高约 12 米。人类恐怕还没有它的脚踝高。

美颌龙

找一找

你能找到 9 头
美颌龙吗？

超龙

根据足迹化石，我们推断出体形庞大的蜥脚类恐龙经常成群活动，它们走路时步伐非常大。有一些蜥脚类恐龙会游泳渡河，在水中划动前腿带动身体前行。

美颌龙是体形最小的恐龙之一，和火鸡一般大小。它是肉食性恐龙，动作迅猛，靠捕获小型哺乳动物、蜥蜴和昆虫为生。

! 马门溪龙有一条长脖子，足有 10 米那么长！

恐手龙

如果被恐手龙抱一下，它的"恐怖之手"将会置你于死地。它的手臂长度超过 2.4 米。这种体形像鸟的恐龙可能比霸王龙还要危险。

腱龙

所有的肉食性恐龙都属于兽脚亚目，有3个脚趾和长长的爪子。它们大部分用2条腿直立行走。

恐爪龙会飞一般地跳起来攻击猎物。

找一找

你能找到那头
逃走的腱龙吗?

恐爪龙

我不知道

有些恐龙会成群猎食。古生物学家采集到的一些化石还原了一群恐爪龙围捕一头腱龙的场景。它们很可能像现在的狮子和狼一样,成群地猎食。

恐爪龙的爪子很长,用来刺割猎物。后肢上各有 1 个特别的刺戳趾爪,当它行走、奔跑时,趾爪会缩起来。

13

蜥脚类恐龙（如梁龙和迷惑龙）都有牙齿。有的牙齿像钉子，把树叶从植物上把下来；有的牙齿呈勺状，把叶子扯下来。它们"吃饭"一口也不嚼，都是直接吞下。

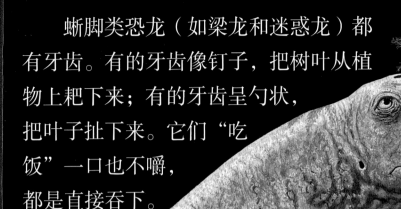

迷惑龙

我 不 知 道

大多数恐龙靠吃植物为生。最早出现的恐龙都是肉食性恐龙，可到了侏罗纪，植食性恐龙开始繁盛。那时还没有草，因此它们吃的是其他植物。

大型植食性恐龙一天就要吃掉180千克叶子！

有些植食性恐龙会吞咽鹅卵石，帮助自己磨碎胃里的食物。

恐龙的粪化石里可能残留有种子、树叶或鱼鳞，这些东西能帮助古生物学家了解恐龙的饮食。

尖角龙

鸭嘴龙（如副栉龙和埃德蒙顿龙）竟然能吃下松树！它们的嘴巴里面长着 1000 多颗牙齿，能把细枝和松针磨碎，再咽到肚子里。

埃德蒙顿龙

角龙（如尖角龙）长着像鹦鹉一样的喙，能咬下非常坚硬的植物，并用强壮的下巴和锋利的牙齿把植物切碎。

15

我不知道

有些恐龙会捕鱼。重爪龙意为"坚实的利爪"，在1983年被发现。它的爪子非同寻常，长而弯曲，胃里还残留着一条鱼化石。古生物学家认为它的大爪子是用来把鱼从水里面捞起来的。

这只做坏事的恐龙在几百万年后被人类发现了。它是一具窃蛋龙——"偷蛋的龙"的化石！它的口中没有牙齿，但有2个尖锐的骨质尖角，像1对叉子一样正好能让它干坏事，磕破那些偷来的蛋！

16

真的还是假的？
有些恐龙一颗牙齿也没有！

答案：真的

　似鸡龙有点像鸟儿，它是一种鸟脚亚目恐龙，一颗牙齿也没有。似鸡龙体形比鸵鸟大1倍，靠吃昆虫和其他能一口吞下的食物为生。

和蛇一样，恐龙也会直接吞下一顿美食，不加咀嚼。在这具美颌龙化石的胃里，古生物学家就找到了一具完整的蜥蜴化石。

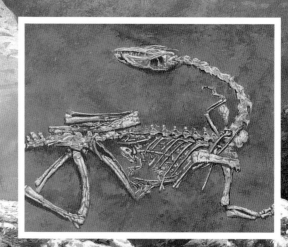

我不知道

恐龙会下蛋。和其他的爬行动物一样，恐龙也会下蛋。恐龙妈妈会在地上挖个洞当窝，然后卧在蛋上给蛋保温。在恐龙宝宝能离开窝之前，恐龙妈妈会一直给它们喂食。

真的还是假的？

最大的恐龙下的蛋有 1 米多长。

答案：假的

即使是最大的恐龙蛋也没有普通鸡蛋的 5 倍大。蛋越大，蛋壳就必须越厚。如果那样，蛋里的宝宝就会窒息。

找一找

你能找到这个冒名顶替的骗子吗？

慈母龙

在这处足迹化石点，一群小脚印周围分布着大脚印，这表明年幼的恐龙外出时，会有年长一些的恐龙跟随和保护它们。

！ 和杜鹃一样，伤齿龙也会把蛋下在其他恐龙的窝里。

！ 过去，人们认为禽龙用来防卫的尖爪长在鼻子上。

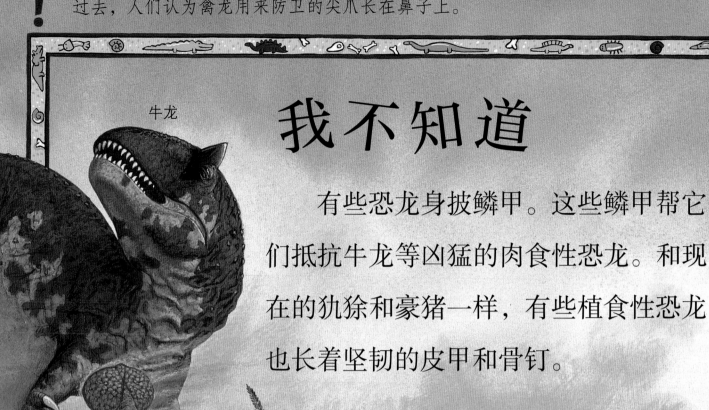

牛龙

包头龙

我不知道

有些恐龙身披鳞甲。这些鳞甲帮它们抵抗牛龙等凶猛的肉食性恐龙。和现在的犰狳和豪猪一样，有些植食性恐龙也长着坚韧的皮甲和骨钉。

包头龙甚至连眼睑都是骨质的。为了防御，它还有骨钉和致命的骨质尾锤——这样足以让任何一个捕食者望而却步。

20

蜥脚类恐龙光靠庞大的体形就能保护自己了，而三角龙则是围在一起，用它们头上的尖角吓跑敌人。

霸王龙

三角龙

真的还是假的?
剑龙（右图）背上多刺的骨质板是用来保护自己的。

答案：假的
骨质板很可能是用来调节体温的。骨质板皮肤表面的血液可以在阳光下快速升温，在阴凉的地方迅速降温。

 梁龙会用它的长尾巴鞭打捕食者。

我不知道

副栉龙

有些恐龙会举行撞头比赛。和现在的公羊与雄鹿一样，肿头龙（如剑角龙）会通过撞头比赛来争夺领袖地位。它们的颅骨有 25 厘米厚，所以这种比赛可能不会让它们觉得太疼。

剑角龙

22

有些鸭嘴龙（如副栉龙）的头冠
是中空的，与鼻道相通。它们可能
会打呼呢！它们不会用头冠来玩
撞头比赛。

找一找

你能找到下图的
变色龙吗？

没人知道恐龙到底是什么颜色
的。和现代的爬行动物与鸟类一样，
它们身上的颜色很可能让它们与周
边的环境融为一体。也许和变色
龙一样，有些恐龙也会变色。

真的还是假的?

翼龙身上长着羽毛。

双型齿翼龙

答案：**假的**

翼龙类如双型齿翼龙虽然身上有皮毛，但它们更像蝙蝠而不是鸟儿。它们有着鸟一样的喙，可喙里却有牙齿。

喙嘴龙

我不知道

风神翼龙比一架滑翔机还要大。它的翼幅约为 10 米，可能是迄今为止，所有会利用空中的热气流进行滑翔的动物中体形最大的一种。会飞的爬行动物并不是恐龙，它们是翼龙。

无齿翼龙

始祖鸟是长有翅膀的恐龙，很有可能是鸟类的祖先。

恐龙和翼龙在同一时期灭绝。

风神翼龙

无齿翼龙从悬崖顶端俯冲下去，捕捉海里的鱼。头冠能帮它调整方向。

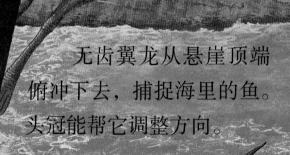

南翼龙也吃鱼。它的喙里有像滤网那样的结构，所以贴着水面飞行时，能成功地网住细小的鱼。

25

我不知道

恐龙时代真的有海怪。虽然恐龙没有生活在海里，可海里却到处都是巨大的、奇形怪状的、会游泳的爬行动物。它们靠吃鱼类和甲壳类动物为生。

薄板龙

蛇颈龙目的薄板龙身长 15 米，几乎全是脖子的长度。它看起来很像梁龙，但它生活在水里，还长着脚蹼。

古海龟和海龟长得很像，它比一艘划艇还要长。

! 有人认为尼斯湖水怪其实是一头蛇颈龙。

鱼龙是最早期的海栖爬行动物。它们看起来和海豚很像，而且也和海豚一样呼吸空气。你可以从现存化石中找到它们的食物——菊石和箭石。

鱼龙

滑齿龙是一种脖子很短的蛇颈龙。它看起来真像头怪物——它的头有 2 米长！

沧龙

沧龙属于最后一批海栖爬行动物，它身长 10 米，是迄今为止最大的"蜥蜴"。它看起来很像龙，可只有脚蹼没有腿。

滑齿龙

27

 古生物学家把恐龙的碎骨头拼成骨骼，然后把骨骼变得有血有肉。他们没办法弄清楚恐龙的颜色，只能靠猜测。找出你的恐龙模型，然后给它们涂色。你要涂什么颜色？为什么会选这种颜色？

我不知道

有些恐龙身上长着羽毛。1996年，在中国发现了一具长着羽毛的恐龙化石。新的发现刷新了我们对恐龙的认知。想象一下，长着羽毛的恐龙该是多么与众不同呀！

羽毛的特写

你永远也没机会在动物园里看到活生生的恐龙了，但世界各地的博物馆里有很多栩栩如生的恐龙模型。试着找到离你最近的一家，写信给工作人员，获取更多关于恐龙的知识。如果可以的话，去博物馆参观一下吧。

虽然恐龙长羽毛很可能只是为了保暖，而不是用来飞行，但这项发现让我们推断出现代鸟类很可能起源于恐龙。

如果你没机会看到动态恐龙，那么电影里的恐龙镜头会让你一饱眼福。

词 汇 表

沧龙

与西方龙很像的海栖爬行动物，和恐龙生活在同一时代。

古生物学家

研究古代生物的科学家，会研究化石中的植物和动物的残余物。

化石

植物和动物存留在岩石中的遗迹。通过这些遗迹，人们可以追溯某种植物或动物生活在多少万年前。

箭石

一种史前的箭状贝类，也多见于化石中。

角龙

有角恐龙，还有一块骨状褶边用来自我保护。

菊石

一种史前贝类，多见于化石中。

鸟脚亚目恐龙

用两足行走的一类恐龙，大部分是植食性恐龙。

蛇颈龙

海栖爬行动物，有脚蹼没有腿，和恐龙生活在同一时代。

兽脚亚目恐龙

一类肉食性恐龙。它们大部分用两足行走。

蜥脚类恐龙

一类脖子和尾巴都很长，有 4 条腿的植食性恐龙。

鸭嘴龙

嘴巴像鸭嘴的恐龙，头上常长有冠饰。

翼龙

一类会飞的爬行动物，和恐龙生活在同一时代。

鱼龙

与海豚很像的海栖爬行动物，和恐龙生活在同一时代。

肿头龙

生活在 6700 万前的恐龙，头顶肿大，好像长了一个巨瘤。

黑版贸审字 08-2020-073 号

图书在版编目(CIP)数据

我不知道恐龙会下蛋 / (英)凯特·贝蒂著;(英)麦克·泰勒绘;潘敏译. -- 哈尔滨:哈尔滨出版社,2020.12

(我不知道系列:动物才能真特别)

ISBN 978-7-5484-5426-7

Ⅰ.①我… Ⅱ.①凯… ②麦… ③潘… Ⅲ.①恐龙 – 儿童读物 Ⅳ.①Q915.864-49

中国版本图书馆CIP数据核字(2020)第141944号

Copyright © Aladdin Books 2020

An Aladdin Book

Designed and Directed by Aladdin Books Ltd

PO Box 53987

London SW15 2SF

England

书　　名:**我不知道恐龙会下蛋**
WO BUZHIDAO KONGLONG HUI XIADAN

作　者:[英]凯特·贝蒂 著　[英]麦克·泰勒 绘　潘 敏 译
责任编辑:马丽颖　尉晓敏　　责任审校:李 战
特约编辑:严 倩　陈玲玲　　美术设计:柯 桂

出版发行:哈尔滨出版社(Harbin Publishing House)
社　　址:哈尔滨市松北区世坤路738号9号楼　邮编:150028
经　　销:全国新华书店
印　　刷:湖南天闻新华印务有限公司
网　　址:www.hrbcbs.com　　www.mifengniao.com
E-mail:hrbcbs@yeah.net
编辑版权热线:(0451)87900271　87900272
销售热线:(0451)87900202　87900203

开　本:889mm×1194mm　1/16　印张:12　　字数:60千字
版　次:2020年12月第1版
印　次:2020年12月第1次印刷
书　号:ISBN 978-7-5484-5426-7
定　价:98.00元(全6册)

凡购本社图书发现印装错误,请与本社印制部联系调换。

服务热线:(0451)87900278